*Auflösung von Materie
Entstehung von Gewitterblitzen
und andere Beobachtungen*

Augenzeugenbericht

Auflösung von Materie
Entstehung von Gewitterblitzen
und andere Beobachtungen

Dennis Bornhöft

Bibliografische Information der Deutschen Nationalbibliothek:
Die Deutsche Nationalbibliothek verzeichnet diese Publikation in der Deutschen
Nationalbibliografie;
detaillierte bibliografische Daten sind im Internet über
http://dnb.d-nb.de abrufbar.

© 2012 Dennis Bornhöft
Satz, Umschlaggestaltung, Herstellung und Verlag: BoD – Books on Demand
ISBN: 978-3-8448-8962-8

Inhaltsverzeichnis

Vorwort	7
Einleitung	9
Der Nebelbogen mit Linse	10
Interpretation des Nebelbogens mit Linse	15
Wolke mit Linse	17
Interpretation der Wolke mit Linse	20
Ein Teilchen	21
Die Gewitterlinse – wie Gewitter entstehen	22
Die Gewitterlinse in der Natur	26
Auflösung von Materie	27
Auflösung von Materie II	32
Was sollte aufgelöst werden?	34
Mikrowellen-stimuliertes Bild	36
Bilder, die keine Fata Morgana sind	37
Regenherstellung	39
Regenherstellungsmethode	39
Was ich beobachtet habe	41
Regenherstellungsmethode II	42

Verschiedenes	43
Ein helles Licht	43
Ein helles Licht II	44
Eine Kugel am Himmel	45
Ein kleines Licht	45
Ein kleines Licht II	46
Einfluss auf die Medizin?	47
Kraftlinien	48
Eine graue Kugel	49
Ein schwarzes Bild	49
Das Bild eines Jungen	50
Ein schwarzes Kreuz	50
Ein Laser	51
Fremder Geist?	52
Träume	53
Nachwort	55

Vorwort

Mit diesem Buch möchte ich auf meine Beobachtungen aufmerksam machen, die ich überwiegend in den Jahren 2004 und 2005 gemacht habe. Aus diesen Wahrnehmungen lässt sich ein neues physikalisches Wissen ableiten, beispielsweise über die Schwerkraft. Ich kann jedoch nur als Augenzeuge berichten, was ich gesehen und erlebt habe. Erklärungen oder einen theoretischen Rahmen für diese Beobachtungen habe ich nicht anzubieten.

Ich habe die mittlere Reife und eine Ausbildung zum Straßenbauer und Bürokaufmann. Daher fehlt mir die umfassende physikalische Ausbildung, um meine Beobachtungen richtig einordnen zu können. Ich habe mich jedoch mit physikalischem Ausbildungsmaterial für Physikstudenten auseinandergesetzt. Dabei konnte ich in der physikalischen Fachliteratur keine Hinweise für eine Existenz dieser Ereignisse finden.

Ich forsche jedoch weiter. Sie, lieber Leser, können diese Forschungen mit Ihrer Spende unterstützen. Da es sich dabei um eine Art Straßensammlung handelt, ist eine steuerliche Absetzbarkeit leider nicht gegeben. Wenn Sie meine Forschungsarbeit fördern möchten, bitte ich Sie um eine Einzahlung unter dem Stichwort „Spende" auf folgendes Konto:

Kontoinhaber: Dennis Bornhöft
Bank: DAB Bank
BLZ: 701 204 00
Konto: 0041639006
IBAN: DE82701204000041639006
BIC (SWIFT-Code): DABBDEMMXXX

Eine Haftung für in diesem Buch ausgeführte Experimente oder eine Garantie wird nicht übernommen.

Beim Lesen des Buches wünsche ich Ihnen viel Spaß. Ich hoffe, dass Sie irgendwann selbst einmal solche Beobachtungen wie ich in der Natur machen können, damit es auch für Sie nicht bei reinem Buchwissen bleibt.

Bad Segeberg, im Juni 2009
Dennis Bornhöft

Einleitung

Dieses Buch beinhaltet einen Augenzeugenbericht. Es sollte von Anfang bis Ende gelesen werden, also vom Vorwort bis zum Nachwort. Nur so lässt sich gewährleisten, dass das Buch nicht falsch verstanden wird.

Im Zentrum des Buches steht die *Linse, die Materie auflösen kann*. Ohne diese Linse sind Ereignisse wie zum Beispiel die Regenherstellung kaum wiederholbar. Es sind nämlich die Kräfte, die von der Linse ausgehen, die einige Wunder bewirken.

Die hier aufgezeichneten Berichte sind alle wahr. Dieses Buch gibt nur einen Bruchteil meiner Beobachtungen wieder und erhebt nicht den Anspruch auf allumfassende Erkenntnisse. Es ist das erste Buch, das konkrete Erfahrungen mit Elementarteilchen schildert. Diese Erfahrungen stellen jedoch einen Anfang dar und nicht das Ende – weder unseres Zeitalters noch der Elementarteilchen.

Der Nebelbogen mit Linse

Im Herbst 2004 schaute ich aus meinem Fenster und entdeckte einen riesigen Nebelbogen. Dieser Nebelbogen stand in einer Entfernung von ca. drei Kilometern und einer Höhe von schätzungsweise 1.200 Metern am Himmel.

Ein solches Ereignis mag nichts Ungewöhnliches sein. Es war aber nur die erste Unregelmäßigkeit in einer Reihe von Ungereimtheiten. Der Nebelbogen sollte an dieser Stelle fast eine Woche stehen und überdauerte sogar ein Gewitter. Das Gewitter war hierbei ein Schlüsselereignis. Ich werde einfach ein Tagebuch entwerfen, in dem ich meine Erinnerungen vom ersten bis zum letzten Tag schildere.

1. Tag

Ich entdecke einen Nebelbogen in etwa drei Kilometer Entfernung von meiner Wohnung. Er ist im Südosten zu sehen, in Richtung des Reinfelder Forstes. Er hat in etwa eine Höhe von 1.200 Metern.

2. bis 4. Tag

Der Nebelbogen ist immer noch da. Ich schaue ihn mir mit einem Fernglas genauer an. Innerhalb des Nebelbogens entdecke ich an seiner oberen Krümmung eine Linse. Unter einer Linse verstehe ich eine Krümmung innerhalb der Luft, sodass man diese zum Beispiel mit einer Brillenlinse vergleichen kann. Um diese Linse sind drei Röhren angeordnet. Sie besitzen dieselbe Durchsichtigkeit wie die Linse. Eine Röhre zeigt nach oben. Die anderen beiden gehen nach links und rechts, also bei neun Uhr, zwölf Uhr und drei Uhr (siehe Abb. 1). Um die Linse schweben eine Art Teilchen. Einige Teilchen sind länglich, andere kreisrund. Die Teilchen ziehen Kreise, oder besser gesagt: Sie bewegen sich intelligent. Die Bewegung zwischen Nebelbogen, Linse und Röhren hat tatsächlich einen sehr intelligenten Anschein.

An der unteren Seite der Linse ist keine Röhre. Dort bildet sich ein Dreieck aus hellerem Licht mit der Spitze bei der Linse und der Grundseite auf dem Boden.

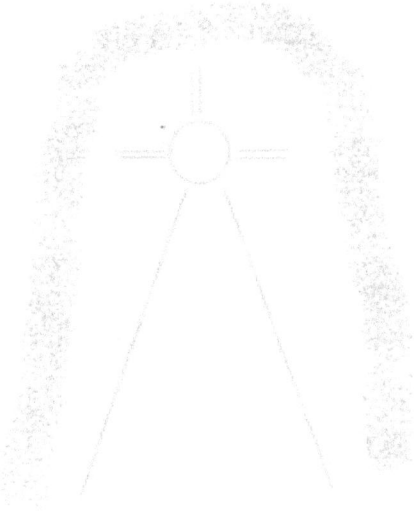

Abb. 1

Das graue Band ist der Nebelbogen. Die Linse ist im oberen Bereich mit den drei Röhren und dem Dreieck unterhalb der Linse zu sehen. Dies war der normale Zustand des Nebelbogens.

5. Tag

Am Morgen weckt mich ein Gewitter. Ich setze mir meine Brille auf, schaue aus dem Fenster und verfolge das Gewitter. Es regnet nicht. Die Helligkeit reicht aus, dass ich den Nebelbogen erkennen kann. Seine obere Hälfte ist von Gewitterwolken umgeben. Dennoch ist das Innere des Nebelbogens nicht verhüllt. Die Linse ist zu sehen. In den Röhren sammeln sich Teilchen. Durch die Teilchen leuchten die Röhren wie Lampen auf. Sie leuchten gelb. Die Linse erzittert. Durch den Himmel sieht man, wie sich ein schwarzer Strahl aufbaut. Dabei handelt es sich nicht um die oben genannten Teilchen. Bei diesen Teilchen hier scheint es, als ob sie aus dem Nichts kämen. Der schwarze Strahl trifft auf die Linse. Aus der Ecke meines Fensters erkenne ich den Anfang dieses Strahles. Er ist ungefähr fünf Kilometer lang.

Ein Blitz entlädt sich. Der Blitz läuft innerhalb des schwarzen Strahles und schwappt nur am Anfang aus dem Strahl hinaus. Der Blitz läuft auf dem schwarzen Strahl entlang und trifft auf die Linse. Dabei erzittert die Linse, und es bildet sich dort eine Art *Interferenzbogen* heraus. Die Linse wird schwarz. Jetzt ist sie um ein Vielfaches größer als vorher die durchsichtige Linse (siehe Abb. 2). Die Röhren sind nicht mehr zu sehen. Als die Linse pechschwarz geworden ist, trifft der Blitz auf die Linse. Ich fange an zu zählen: 21, 22, 23 usw. Der Blitz verharrt etwa sieben Sekunden an der Linse. Dann bricht er nach rechts unten aus. Der Donner ist nicht mehr als ein Knattern.

Der schwarze Strahl ist jetzt blitzleer. Er ballt sich wie ein Gummiband zusammen. Mir erscheint es so, als ob aus dem schwarzen Knäuel Ruß vom Himmel fällt. Die Linse ist nicht mehr schwarz. Sie ist größer und hat die Farbe Grau. In der Mitte der Scheibe ist ein orange Band zu erkennen (siehe Abb. 2). Das orange Band ist horizontal und nimmt ein Drittel der Linse ein. Die Linse bleicht weiter aus, und ich nehme mir vor, den Vorgang nicht weiter zu verfolgen, da mich die Beobachtung zu sehr mitgenommen hat.

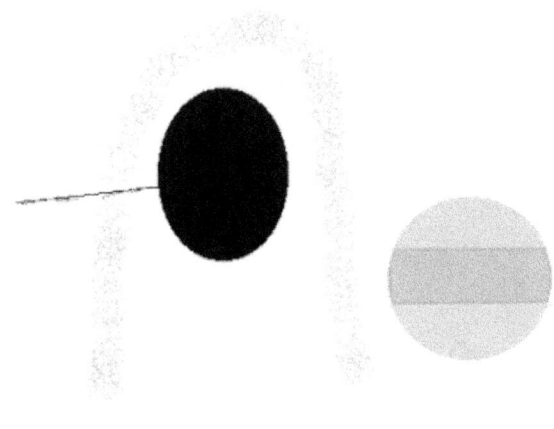

Abb. 2

So war der Nebelbogen mit der schwarzen Linse nur kurz zu sehen. Es handelt sich jedoch um das besondere Ereignis einer Wandlung der Linse und dem, was physikalisch hinter der Linse steckt.

6. Tag

Der Nebelbogen ist immer noch da, aber schwächer. Er sieht aus wie am 2. Tag. Es scheint so zu sein, dass ich der Einzige bin, der den Vorfall beobachtet hat, denn in der örtlichen Zeitung steht nichts darüber.

7. Tag

Der Nebelbogen ist kaum noch zu erkennen.

8. Tag

Der Nebelbogen ist verschwunden.

Interpretation des Nebelbogens mit Linse

Einen Nebelbogen hatte ich vorher noch nie in meinem Leben gesehen. Schaut man jedoch in einem Lexikon nach, dann findet man unter dem Begriff „Nebelbogen" ein in der Optik bekanntes Ereignis. Die Linse dagegen ist unbekannt. Auch die Teilchen sind in dieser Form in der Fachliteratur nicht erwähnt worden. Es ist auch nicht bekannt, dass sich schwarze Teilchen aufbauen und ein Blitz an diesen Teilchen entlangläuft. Auch die schwarze Linse ist nicht bekannt. Sie ist mit einem Interferenzbogen vielleicht vergleichbar, kann dadurch aber nicht erklärt werden.

Tatsache ist, dass ich dies mit meinen eigenen Augen beobachtet habe.

Ich kann nicht erklären, was ich da beobachtet habe. Im Gegensatz zu anderen Menschen war ich in der glücklichen Lage, an meinem Fenster einen Logenplatz zu haben. Hiermit ist wenigstens erklärt, warum nur ich etwas gesehen habe und andere Menschen nicht.

Wobei es sich hierbei handelte, weiß ich bis heute nicht. Ich kann nur hoffen, dass dieses Buch einen Leser findet, der mir dies näher erklären kann. Mir ist jedoch aufgefallen, dass wenige Menschen einfach nur so in die Natur schauen, obwohl dort durchaus etwas zu entdecken ist. Der Nebelbogen war gar nicht zu übersehen. Er hätte schon genau über mir sein müssen, damit ich ihn hätte verpassen können.

Übrigens habe ich durchaus versucht, eine Öffentlichkeit für dieses Ereignis zu finden. Ich habe beim schleswig-holsteinischen Wissenschaftsministerium angerufen, mit einer Telefonkarte von einer Telefonzelle aus. Mir wurde jedoch gesagt, dass hieran kein Interesse bestehe. Damals habe ich noch nicht gewusst, was Teilchen sind. Sonst hätte ich mehr auf den Teilchencharakter hingewiesen. Dennoch war für mich bereits damals erkennbar, dass dies ein Ereignis von einer nicht zu unterschätzenden Tragweite war.

Die weiteren Ereignisse habe ich für mich behalten, da sich vermutlich niemand dafür interessiert hätte.

Wolke mit Linse

Ich sah dieses Ereignis im Herbst 2004. Danach beschloss ich, mich mehr mit Physik zu beschäftigen.

An einem sonnigen Nachmittag ging ich spazieren. Ich hatte nichts zu tun, und ich dachte schon so bei mir, heute werde ich wieder etwas sehen. Mit diesem Gedanken wollte ich nicht aufhören, bis ich etwas gefunden hatte. Am Horizont sah ich eine Wolke. Sie schien sich nicht zu bewegen wie die anderen Wolken. Diese Wolke *stand* in einer rötlichen Sonnenuntergangsfarbe am Himmel. Genauer gesagt, sie stand vor einem Nachbardorf Bad Segebergs. So etwas hatte ich noch nie gesehen.

Ich kam näher an die Wolke heran. Sie bewegte sich wirklich nicht. Es waren vielleicht noch zwei Stunden bis zum Sonnenuntergang. Zwei Stunden, eher weniger, hatte ich also noch Zeit, um alles zu sehen, was es zu sehen gab.

Ich ging die Straße entlang, die zu der Wolke zu führen schien, und ich hatte Glück. Leider hatte ich kein Fernglas dabei, aber ich konnte alles deutlich sehen. Die Straße wurde seitlich durch einen Knick begrenzt. Durch diese Wallhecke konnte ich die Wolke mit jedem Schritt besser erkennen. Dann endlich kam ich an das Ende des Knicks. Von dort aus konnte ich die Wolke optimal einsehen. Sie befand sich am Dorfrand über einem Acker.

Ich sah ein Wolkenkreuz. Die Wolke hatte keine Tiefe. Sie war ganz flach, so flach wie ein Regenbogen. Eine Wolke zeigte senkrecht nach oben, eine andere senkrecht nach unten, zwei Wolken schauten horizontal nach links und nach rechts. In der Mitte des Kreuzes war ein Loch, und in dem Loch befand sich eine Linse mit einem deutlichen Rand. Das Innere der Linse sah anders aus als die umgebende Luft. Diese Linse hatte keine Röhren. Stattdessen sah es so aus, als ob mehrere Linsen, zwei oder drei, übereinander lägen (siehe Abb. 3). Aus der linken Wolke kamen Teilchen. In der Wolke waren die Teilchen länglich. Um die Linse herum formten sie sich zu Kreisen. Es rumpelte jedes Mal, wenn die Teilchen sich zu Kreisen wandelten und um die Linse gingen. Dieses Rumpeln war eine Mischung aus Geräusch und einer leichten Erschütterung der Wolke. Die Teilchen erschienen mir durch ihre Verwandlung von Linien zu Kreisen wie Lebewesen. Außerdem gingen sie zwischen dem Innenrand der kleineren Linse und dem Außenrand der größeren Linse entlang.

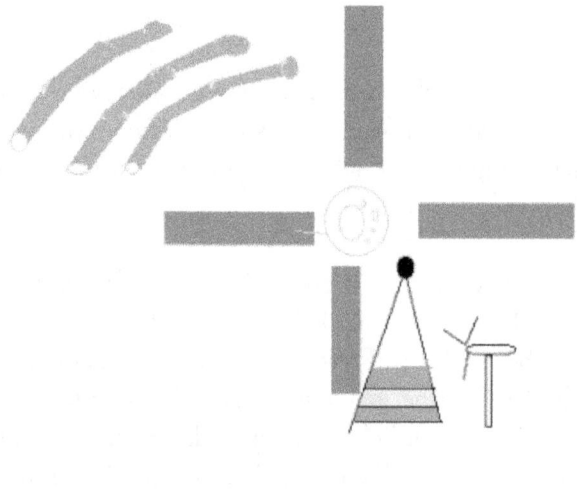

Abb. 3

Die Linse war farblos. Die Teilchen waren weiß wie beim Nebelbogen, und die Wolken waren rot.

Ich erkannte noch ungefähr fünf Wolken, die ebenfalls dazugehörten. Sie sahen aus wie hellblaue Röhren, die nebeneinander links vom Wolkenkreuz lagen.

Die Besonderheit war, dass sich das Ganze vor einem Windrad abspielte. Zeitweise konnte man einen schwarzen Punkt vor dem Windrad sehen und unter diesem Punkt, davon ausgehend bis zu einer Grundseite am Boden, ein Dreieck. In diesem Dreieck liefen horizontale Balken – abwechselnd gelbe und grüne Farbbalken. Der Punkt wie auch die Farbbalken waren so dünn wie ein Regenbogen.

Interpretation der Wolke mit Linse

Was ich hier sah, hatte ich auch schon beim Nebelbogen beobachtet. Nur waren jetzt Farben mit im Spiel, wie sie auch beim Regenbogen zu finden sind. Ich bin zu der Auffassung gekommen, dass es sich um einen aufgespaltenen Regenbogen handelt. Das heißt, dies alles müsste auch in einem Regenbogen zu finden sein.

Der Regenbogen hatte sich aufgespalten. Dabei zeigte er, dass er mehr war als nur die Farben Rot, Grün, Blau und Gelb: Es gab die Durchsichtigkeit. Es gab einen schwarzen Punkt. Es gab weiße Teilchen, die sich intelligent bewegten. Nimmt man das Ereignis des Nebelbogens hinzu, dann gibt es in einem Regenbogen sogar noch die Farbe Grau.

Dass es sich um einen Regenbogen handelt, ist eine gewagte Theorie. Aber schaut man sich den Regenbogen mit seinem Nebenregenbogen an, dann findet man zwischen ihnen die Durchsichtigkeit. Und schaut man sich den matten Nebenregenbogen an, dann entdeckt man sogar die Farben Grau, Schwarz und Weiß. Wie es jedoch dazu kommt, dass sich ein Regenbogen aufspaltet und Formen annimmt, ist mir schleierhaft. Dennoch hat der Regenbogen die größte Bekanntheit im Vergleich zu meinen Entdeckungen.

Ein Teilchen

Dieses Teilchen flog durch meine Wohnung, von einem Fenster zum anderen. Ich saß gerade an meinem Schreibtisch, als ich hinter meinem Rücken ein Rascheln hörte. Als ich mich umsah, sah ich ein Teilchen durch meine Wohnung fliegen. Es bestand aus zwei Armen und einer Aushöhlung, in der eine graue Substanz im Dreieck aufrecht stand (siehe Abb. 4). Ich kann mir dieses Teilchen nicht richtig erklären. Es war aber auf jeden Fall ein Teilchen, wie ich es beim *Nebelbogen mit Linse* und bei der *Wolke mit Linse* beobachtet habe.

Abb. 4

Das Teilchen verschwand durch das andere Fenster. Ich habe es nicht berührt, obwohl durchaus die Möglichkeit dazu bestanden hätte. Als ich aus dem Fenster sah, erkannte ich nur noch einen schwarzen Fleck vor meinem Fenster, in dem es verschwunden sein muss.

Dieses Teilchen war beim *Nebelbogen* zu sehen und bei der *Wolke mit Linse*. Bemerkenswert sind die zwei Arme und auch das Kreisinnere mit dem Dreieck. Welche Funktion dieses Teilchen hat, ist mir nicht bekannt.

Die Gewitterlinse – wie Gewitter entstehen

Früher dachte ich, Gewitter entstehen durch die Reibung von Luftschichten. Inzwischen habe ich meine Ansicht über die Entstehung von Gewittern revidiert.

Wie gesagt handelt es sich hier um Gewitter – also um Elektrizität, Wetter und die begründeten Ängste von Menschen. Es gibt diese kleinen Experimente mit einem Kamm und Papierschnipseln. Man reibt den Kamm mit einem Baumwolltuch, der Kamm lädt sich elektrisch auf und zieht die Papierschnipsel an. Deswegen kann man annehmen, dass Elektrizität durch Reibung entsteht. Ich habe mich auch physikalisch mit Elektrizität beschäftigt und muss gestehen, dass ich die Elektrizität immer noch nicht begriffen habe. Aber auf die Weise, wie ich die Entstehung von Elektrizität beschreibe, ist sie bis heute nicht bekannt.

Es war im Sommer 2005. Der Nebelbogen gehörte schon der Vergangenheit an, und auch das Wolkenkreuz hatte ich nicht mehr gesehen. Dies waren einmalige Vorkommnisse. Es gab aber noch Anzeichen für diese Geschehnisse. Deswegen kann ich nicht sagen, inwieweit sie Einfluss auf Experimente hatten, die ich in dieser Zeit durchführte. Diese Experimente möchte ich auch nicht beschreiben. Möglicherweise waren aber die Versuchsaufbauten dafür die eigentliche Ursache für die Entstehung der Gewitterlinse. Ich möchte aber auch nicht wissen, ob ich ein solches Experiment wiederholen könnte. Ich hatte einen Versuch aufgebaut und wollte sehen, was passiert, oder ob überhaupt etwas passiert. Der Nebelbogen hatte mich bewogen zu glauben, dass die Dinge doch nicht so stabil sind, wie sie zu sein scheinen.

Wie gesagt hatte ich in meiner Wohnung einen Versuchsaufbau installiert. Ich hoffte, etwas sehen zu können. Doch in Wirklichkeit passierte nichts. Ich ließ den Aufbau stehen und kümmerte mich um andere Dinge. Im Grunde kann es ja nichts schaden, etwas stehen zu lassen. Doch eines Nachts gab es ein Gewitter. Erst nahm ich es gar nicht so richtig wahr, aber schließlich befand es sich direkt über mir. Sicherheitshalber zog ich in meiner kleinen Dachwohnung alle Stromstecker heraus.

Obwohl ich aus meiner Kindheit noch die Warnung kannte, nicht in ein Gewitter zu sehen, schaute ich es mir an. Ich zählte sehr viele Blitze, mehr als bei einem normalen Gewitter. Fast alle fünf Sekunden erschien ein Blitz, manchmal sogar drei Blitze in fünf Sekunden. Der Donnerknall folgte innerhalb von einer Sekunde.

Aus reiner Langeweile sah ich mir die Versuchsanordnung an. Sie war nur eine von vielen. Plötzlich entdeckte ich in der Dunkelheit eine Linse. Sie hatte einen Durchmesser von etwa zehn Zentimetern und war leicht erleuchtet. Farbstreifen gingen durch sie hindurch.

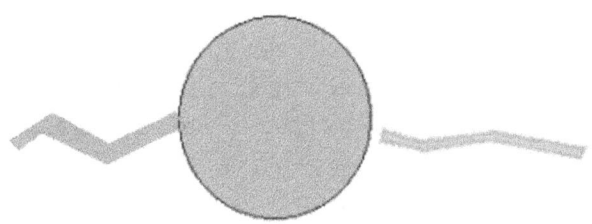

Abb. 5

Dies ist die „Gewitterlinse". Farbstreifen gehen durch sie hindurch, bevor sie sich als Blitze entladen.

Die Farbstreifen waren ebenfalls leicht erleuchtet; sie sahen wie kleine Streifen von einem Regenbogen aus. Die Linse war – ebenso wie die Farbstreifen – dünn wie der Regenbogen (siehe Abb. 5).

Einige Minuten lang beobachtete ich dieses Phänomen. Die Farbstreifen gingen hintereinander durch die Linse. Sie kamen von links, rechts, von oben und von unten. Ich entdeckte, dass kurz darauf, vielleicht eine Sekunde später, ein Blitz in der gleichen Farbe am Himmel erschien, wenn ein Farbstreifen durch die Linse ging. Kam der Farbstreifen von links an die Linse, dann ging der Blitz von Nord nach Süd. Kam der Farbstreifen von unten an die Linse, dann ging der Blitz von Ost nach West. Die Blitze gingen also immer im Winkel von 90° von der Linse aus.

Der Farbstreifen ging durch die Linse und drehte sich um 90°, bis er dann in der Luft aufleuchtete.

Was mich an dem Gewitter vor allem erstaunte, war die Vielzahl von verschiedenen Blitzen, die es hervorbrachte. Es gab Blitze, die zehn Sekunden in der Luft leuchteten, so als ob sie nicht entkommen könnten. Diese Blitze knatterten aber auch zehn Sekunden in der Luft. Dann gab es Blitze, die parallel liefen. So gab es einen Blitz, der in seinem Verlauf vielleicht zwei bis fünf Mal parallel erschien. Es gab auch Blitze in allen Farben – grüne, rote, orangerote usw. Die Blitze hatten eine Länge von 50 Metern bis zu einem Kilometer.

Einige Tage später war keine Spur mehr von dem Gewitter vorhanden. Es war aber noch schwül. Ich sah eine Blitzkugel gefährlich über einer Siedlung schweben. Es war tatsächlich eine runde Fläche aus Elektrizität. Diese Blitzkugel stand dort fast eine halbe Stunde und gab keinen Ton von sich. Dafür war unter der Kugel ein Dreieck zu sehen, in dem waagerechte Farbbalken in den Farben Rot und Weiß verliefen. Die Kugel war zu weit entfernt, als dass man die Größe genau hätte bestimmen können. Sie hatte einen Durchmesser von vielleicht 70 Zentimetern. Ich bin mir lediglich sicher, dass es sich um Elektrizität handelte.

Die Gewitterlinse in der Natur

Tatsächlich sehe ich noch jetzt (im Jahre 2009) ab und zu eine Linse wie ein Auto auf einer wenig befahrenen Straße durch meine Wohnung streifen. Das ist zwar sehr selten, aber durch Zufall habe ich gelegentlich welche entdeckt. Auch wenn diese Linsen in meinen Augen keine Eigenschaften haben, bin ich davon überzeugt, dass es auf der Erde sehr viele solcher Linsen gibt. Es gibt sie wahrscheinlich nicht nur auf der Erde und im Himmel, sondern wahrscheinlich auch im Erdinnern.

Die Linsen im Erdinnern sind wahrscheinlich Linsen, die Wärme herstellen können. Wie bei der Gewitterlinse, die Farbstreifen geradezu anzog, ohne zu wissen, wo diese eigentlich herkommen, so muss es sich auch mit den Linsen im Erdinnern und den Polarlichtern verhalten, die ähnliche Farbstreifen abbilden und somit eine Art Nahrung für die Linsen darstellen.

Mit dieser Annahme wäre eine neue Theorie über die hohen Temperaturen im Erdinnern aufgestellt.

Auflösung von Materie

Die Entdeckung der Linse habe ich erst sehr spät gemacht. Anfangs wusste ich nicht recht, was diese Linse bedeutete. Ich weiß nicht, wie lange sie dort schon an der Wand hing. Genauer gesagt, sie lag schräg an der Dachinnenseite. Zum besseren Verständnis sollte ich wohl auf ein Ereignis zurückgreifen, das auf den Beginn der Linse hinweist.

Einige Monate vor meiner Entdeckung hatte ich in einer Ecke meines Zimmers einen Eimer mit Steinen stehen. Der Eimer enthielt neben faustgroßen Steinen auch Wasser und ein paar neue Streichhölzer. Jedenfalls entdeckte ich eines Abends an der Wand, wo der Eimer stand, einen schwarzen Fleck. Dieser Fleck bestand wahrscheinlich aus derselben Substanz wie der schwarze Strahl, in dem der Blitz lief (siehe *Nebelbogen mit Linse*). Der Fleck hatte einen Durchmesser von 20 Zentimetern. Er war aber kein richtiger Fleck, sondern mehr so eine Art *Myonenfleck*. Ich sage deswegen ‚Myonenfleck', da alle anderen Teilchen nicht infrage kommen. Man hätte durch den Fleck hindurchgreifen und trotzdem nichts Reales fassen können. Ich hatte auch einen Fernseher auf dem Schrank stehen sowie ein paar Schüsseln mit Sand und Streichhölzern. Auf jeden Fall gelang es mir, durch das Herumfuchteln mit zwei Magneten den Fleck aufzulösen. Plötzlich streute aus einer anderen Linse, direkt über dem Eimer mit den Steinen, eine Substanz heraus. Sie ähnelte einigen glitzernden Mineralen auf den Steinen.

Die Linse löste sich also auf, oder besser gesagt: Das Schwarze löste sich auf. Die Substanz, die sich aus dem Schwarzen ausstreute, konnte ich mit der Hand auffangen. Wie gesagt ist dies der gleiche Vorgang, wie ich ihn schon beim Nebelbogen beobachtet hatte. Es gab nur einen Unterschied: Nach der Ausstreuung der Substanz leuchteten kleine Blitze auf. Diese Blitze hatten vielleicht eine Länge von zehn bis 20 Zentimetern und waren überhaupt sehr niedlich. Sie machten auch Geräusche wie Blitze. Es war ein schwüler Abend. Ich dachte bei mir: Wieso eigentlich nicht? Wieso gibt es nicht öfter solche kleinen Gewitter? Dass es nur große Gewitter gibt, wollte mir überhaupt nicht einleuchten. Hier erkannte ich schon, dass es mit der Elektrizität nicht so weit her ist, jedenfalls mit dem Wissen über Elektrizität.

Es scheint jedoch so zu sein, dass kleinere Blitze sich wegen der schwarzen Substanz nicht ausstreuen können. Übrigens lief damals im Fernsehen ein Rededuell zwischen George Bush und einem anderen Präsidentschaftskandidaten. Ich dachte, das sind ja beides sehr bedeutsame Ereignisse, und hüpfte vor Freude.

Dies ist die Vorgeschichte der Linse. Über ein halbes Jahr war sie stabil an meiner Wand. Später, als ich meine Versuchsanordnungen abbaute, stellte ich fest, dass ein Versuchsaufbau für die Linse zuständig sein musste. Es war ein Glas, vollgefüllt mit Magnetstäben aus einem Magnetstabspiel. Diese Stäbe bestehen aus Plastik und haben an ihrem Ende einen kleinen Magneten (siehe Abb. 6). Leider warf ich meine Versuchsaufbauten in den Müll, denn mit neuen Materialien hatte ich nicht den gleichen Erfolg. Wie gesagt muss man diesen Versuchsaufbau im Zusammenhang mit der Vorgeschichte sehen.

Abb. 6

Magnetstäbchen. Als ich dieses Glas abbaute, verschwand die Linse.

Aber nun zu der Bewandtnis, die es mit dieser Linse hatte. Die Linse hatte einen Durchmesser von ca. zehn Zentimetern. Sie war durchsichtig, und an ihr hing eine Art durchsichtiger Schlauch, der bis außerhalb des Daches reichte. Eines Tages sah ich eine Spinne in Richtung Linse krabbeln. Ich dachte, das ist bestimmt interessant. Ich selbst hatte diese Linsen nie berührt. Die Spinne war nicht sehr groß. Sie ging auf die Linse zu und blieb an ihrem Rand stehen, rechts davon. Plötzlich war die Spinne weg und kam nach einigen Sekunden auf der linken Seite der Linse wieder hervor. Dann geschah etwas, was ich nicht erwartet hatte. Es tauchten blau-weiße Farbbalken auf und nahmen die Spinne mit – wahrscheinlich durch den Schlauch (siehe Abb. 7). Ob die Spinne tatsächlich durch den Schlauch aufgelöst wurde, kann ich nicht mit Bestimmtheit sagen. Jedenfalls war die

Spinne damit verschwunden. Sie war aufgelöst. Sie war für immer verschwunden. Nach dem Verbleib der Spinne gefragt, kann ich nur sagen, dass ich später noch öfter diese schwarzen Strahlen gesehen habe, durch die ansonsten die Blitze laufen. Durch diesen Strahl lief die Spinne. Ich weiß nicht, ob sie darin lief. Auf jeden Fall bewegte sich die Spinne mit diesen Strahlen, die so schnell wieder verschwanden, wie sie gekommen waren. Die Spinne war nun sehr flach, so flach wie der Regenbogen.

Abb. 7

Ich bin Raucher, und mein Zimmer war auch öfter voller Zigarettenqualm. Was ich wohl nicht mitbekommen habe, ist, dass auch der Zigarettenqualm aufgelöst wurde. Manchmal erkannte ich mitten im Raum eine Qualmwolke, die ich mir nicht ganz erklären konnte. Diese Qualmwolken standen im Raum und waren dennoch nicht zu fassen oder auseinanderzubringen. Ich stellte lediglich fest, dass je mehr Zeit nach der Auflösung verging, ein Zusammentreffen immer seltener wurde.

Später sah ich dann auch noch in meinem Zimmer am Schreibtisch eine andere Linse. Dies ist nicht viel weniger erwähnenswert. Aus der Linse entwickelte sich nämlich nicht eine steinerne Substanz, sondern eine lebende Mücke, die nach ihrer Entwicklung, aus einem schwarzen Fleck, fröhlich davonflog. Diese Linse war beweglich. Sie bewegte sich hin und her, und manchmal war sie mitten vor meinem Gesicht. Hierbei beobachtete ich dann auch die Entwicklung der Mücke aus einem schwarzen Fleck inmitten der Linse. Dies vollzog sich innerhalb weniger Sekunden. Im Grunde waren es höchstens drei Sekunden.

Die Linse, die die Materie auflöste, war mit Sicherheit über ein halbes Jahr in meiner Wohnung. Sie hatte dabei immer dieselbe Stelle und wechselte nie die Position.

Auflösung von Materie II

Ich ging öfter spazieren, und manchmal auch nachts auf den Kalkberg in Bad Segeberg. Dort befindet sich auf der Bergspitze eine Aussichtsplattform, von der man Teile der Stadt einsehen kann. Dies ist ganz interessant, wenn auch der Aufstieg sehr anstrengend ist.

Bei einer meiner Wanderungen auf den Berg – es war, wie gesagt, Nacht – drehte ich mich auf der Aussichtsplattform um und sah von Osten weiß-blaue Farbbalken. Danach wurde die Bergspitze erschüttert. Ich meinerseits glaube sogar, dass der ganze Berg erschüttert wurde.

Dies sehe ich als einen Beweis dafür, dass die Entfernung zum *Graviton* nicht groß ist. Das Graviton ist das Elementarteilchen für die Gravitation. Die weiß-blauen Streifen hatten die Konturen meines Körpers angenommen. Sie waren jedoch um einiges größer, sodass ich tatsächlich ein Kreuz von drei Metern Breite hätte haben müssen. Die weiß-blauen Farbbalken waren vielleicht fünf Meter von mir entfernt und schwebten mitten über dem Stadion von Bad Segeberg.

Leider hatte ich dieses Bild nur kurz gesehen. Was mir auch auffiel, war die Tatsache, dass dieses Gebilde zu verschwinden schien, als ich mich umdrehte und es direkt ansah – so als ob diese Erscheinungen gegen das Anschauen mit den Augen nicht gefeit wären.

Offenbar hatte ich Teile dieser Technik direkt an meinem Körper getragen. Dies war für mich nur noch ein weiterer Grund, meine Versuchseinrichtungen abzubauen und die Öffentlichkeit nicht mit ihnen zu konfrontieren. Danach stand ich auch einmal vor dem Spiegel und erkannte in meinen Augen weiß-blaue Farbbalken. Ich konnte dennoch sehr gut sehen und hatte hierdurch keinerlei Einschränkungen. Was bleibt, sind diese Erschütterungen.

Auch wenn dies nur ein einziges Mal passierte, ist es mir doch immer sehr gut im Gedächtnis geblieben.

Was sollte aufgelöst werden?

Wenn es eines Tages gelingen sollte, solche Linsen herzustellen, vielleicht sogar in Massen, dann stellt sich die Frage, was aufgelöst werden sollte. Tatsächlich ließe sich alles auflösen – Metalle genauso wie Halbleiter oder andere chemische Elemente. Wahrscheinlich ließen sich sogar Kräfte auflösen.

Die Frage bleibt jedoch, was aufgelöst werden sollte – zum Beispiel Atommüll oder andere Dinge. Ich möchte eine Diskussion darüber anstoßen: So würde ich persönlich es bevorzugen, wenn kein Atommüll aufgelöst wird, sondern sterbende Menschen.

Ich möchte kurz erläutern, warum ich glaube, dass Menschen dort weiterleben könnten.

Ich lebte in meiner Wohnung mit der Linse und hatte einige Erfahrungen mit ihr und ihren Kräften gesammelt. So muss ich es beispielsweise der Linse zuschreiben, dass eines Tages mein Kot eine weiße Farbe hatte. Soweit ich weiß, wird die dunkle Farbe des Kotes dadurch hervorgerufen, dass rote Blutplättchen sterben und so dem Kot eine bräunliche Farbe geben. Ich bin also der Auffassung, dass mein Kot deswegen nicht gefärbt war, weil meine Blutplättchen an diesem Tag nicht gestorben sind. Deswegen bin ich der Auffassung, dass der Mensch weiterleben könnte, wenn auch in einer Welt, in der er die unsrige Welt kaum noch oder sehr viel weniger erblicken dürfte.

Ich glaube sogar zu wissen, wie es sich anfühlt, aufgelöst zu werden. Letztlich war das auch der entscheidende Grund für den Abbau meiner Versuchsanordnung. Ich ging durch die Fußgängerzone von Bad

Segeberg. Plötzlich fühlte ich mich, als ob ich ein riesiger Kristall wäre, gegen den mit einem Hammer gehauen wird. Ich zitterte zwar nicht, dennoch erzitterte ich wie ein Kristall, der in kleine Scherben zu zerspringen droht.

Ein anderes Mal war ich in einem benachbarten Supermarkt. Am Unterstand für die Einkaufswagen wurden Reparaturarbeiten an den Erdkabeln durchgeführt. Ich stand an der Kasse und wollte bezahlen, keine fünf Meter von diesen Arbeiten entfernt. Plötzlich fing ich an zu schwingen, wie der Vibrationsalarm eines Handys, nur sehr viel schneller. Meine Körperfunktionen schwangen jedoch nicht. Es sind die Teilchen, die so etwas bewirken.

Mikrowellen-stimuliertes Bild

Ich habe einige Versuche angestellt, und das *Mikrowellen-stimulierte Bild* gehört dazu. In meiner Mikrowelle habe ich eine Versuchsanordnung aufgebaut und das Gerät eingeschaltet. Außer einigen Blitzen in der Mikrowelle passierte eigentlich nichts. Als ich jedoch aus meinem Fenster sah, entdeckte ich in einigen Hundert Metern Entfernung einen grauen Kreis mit einer Größe von vielleicht 20 Metern Durchmesser.

Ich erwähne diesen Versuch, weil zwischen Experiment und Entfernung durchaus ein Zusammenhang bestehen kann. Ich möchte jetzt jedoch erst einmal das Experiment beschreiben. Vielleicht lässt sich das Ergebnis ja doch noch einmal wiederholen.

Von einer runden Mikrowellenschüssel aus Glas habe ich den Boden mit Sand abgedeckt. Dann habe ich aus einem rechteckigen Stück Alufolie durch Überschlagen der Ecken ein Dreieck gefaltet. Dieses Alufoliendreieck habe ich in die runde Mikrowellenschüssel gelegt. Die Ecken schlossen genau mit der Umrandung der Schüssel ab. Dann habe ich die Schüssel in die Mikrowelle gestellt. Den Drehteller der Mikrowelle hatte ich vorher entfernt. Dann habe ich die Mikrowelle eingeschaltet. Durch eine Spitze des Aluminiumdreiecks leckte ein Blitz heraus, der die Mikrowellenglasschale ritzte. Genauer gesagt ritzte der Blitz in die Schüssel ein rundes Loch von zwei Zentimeter Durchmesser. Das Loch der Schüssel stand in einem Winkel von 90° zum grauen Flecken, der sich am Himmel abbildete.

Hieraus schließe ich, dass das Bild am Himmel durch das Mikrowellenexperiment hervorgerufen wurde: ein *Mikrowellen- stimuliertes Bild*.

Bilder, die keine Fata Morgana sind

Das *Mikrowellen-stimulierte Bild* hätte ich nicht erwähnt, wenn es nicht zu weiteren Vorfällen gekommen wäre, die Bilder hervorrufen. Auch hier ist eigentlich nicht viel zu erzählen. Anfangs erkannte ich abends rote Flecke am Himmel. Ich fragte mich, was es wohl mit diesen Flecken auf sich habe. Doch ich konnte die andere Seite dieser Flecken nicht einsehen. Dann passierte Folgendes: Ich saß an meinem Küchentisch und hatte den Fernseher auf einem Schrank in drei Metern Entfernung vor mir stehen. Dann auf einmal erschien vor dem Bildschirm ein zweites Bild. Dieses Bild war so dünn wie der Regenbogen. Ich konnte sehen, wie es sich auflöste: nicht wie ein Fernsehbild, sondern wie ein Porträt, bei dem man die Farben eines Bildes auseinanderreißt. Das Bild hatte ungefähr die Größe von 70 Zentimetern in der Diagonale. Es war schwarz mit einem dickeren grünen Rand und einem dünnen roten Rand ganz außen. Eigentlich schenkte ich dem Bild keine größere Beachtung. Viel hervorstechender war die Tatsache, dass ich gar keine Vorstellung darüber besaß, wie dieses Bild sich wohl ohne größeren Versuchsaufbau gebildet hatte.

Einige Tage später hatte ich auf meinem Schreibtisch eine noch originalverpackte, gold-silberne Unfallwärmedecke liegen. Daneben stand eine Mikrowellenschüssel aus Plastik, gefüllt mit goldfarbenen Mineralen. Ich hatte sie mit der Drahtbürste von Steinen abgebürstet. Als es dann am Abend dunkel wurde, schaute ich aus meinem Fenster und sah einen Bildschirm von 40 Metern Länge und einer Höhe von 20 Metern. Das Bild, das ich sah, war ein Bild, das ich gerade in meinem Gehirn hatte. Was jedoch nicht in meinem Gehirn war, das war die goldfarbene Grundfarbe, die das Bild aufwies. Das Bild – ebenfalls so dünn wie der Regenbogen –

hielt sich ungefähr fünf Sekunden. Keiner meiner Nachbarn scheint es gesehen zu haben.

Ich sah noch einige Male solche Bildschirme. Zum Beispiel beobachtete ich einmal in der Innenstadt von Bad Segeberg, wie sich zwischen zwei Gebäuden ein Farblaser aufbaute. Über diesem Farbstrahl bildete sich für fünf Sekunden ein Bildschirm von 15 Metern Breite und vier Metern Höhe. Wenn man diese Bildschirme jedoch direkt anschaute, verschwanden sie wieder.

Regenherstellung

Ich habe einige Techniken entworfen, von denen ich glaube, dass sie durchaus das Potenzial haben, einen Regenschauer herzustellen. In der Wüste wurde diese Methode allerdings noch nie überprüft, und so wie es aussieht, werde ich wohl auch niemals die Wüste besuchen dürfen. Früher glaubte ich, dass Wasser erwärmt wird und hieraus Wolken entstehen. Und wer weiß, vielleicht ist es ja tatsächlich so, dass aus erwärmtem Wasser Wolken entstehen, die dann abregnen. Meine Technik ist auf jeden Fall keine Methode, bei der man eine einzelne Wolke sieht und diese dann dazu bringt, abzuregnen. Vielmehr soll meine Methode eine Wetterlage erzeugen. Das Wetter wird dort ankommen, wo der Versuchsaufbau installiert wurde. Ich werde beschreiben, wie der Versuchsablauf bei mir abgelaufen ist und was ich beobachtet habe.

Regenherstellungsmethode

Man nehme eine Soda-Club Fruchtsirupflasche aus Plastik. Die Flasche wird entleert, gesäubert und von der Folie befreit. Dann wird sie mit goldfarbigen Mineralen in Sandkorngröße gefüllt. Der Flasche wird außerdem so viel Wasser zugegeben, dass sich auf dem Sand eine kleine Pfütze bildet. Dann wird die Flasche verschlossen, gut geschüttelt und in Alufolie eingewickelt (siehe Abb. 8). An den Enden der Flasche wird die Alufolie eingeschlagen. Man stellt die Flasche auf dem Dachboden auf einen Holzboden. Ein Kabel eines elektrischen Gerätes, vielleicht eine Lampe, wird dreimal um die Flasche gewickelt (220 Volt).

Danach benötigt man noch eine Haube aus Alufolie. Ich habe dazu Alufolie um eine mehrbändige Buchedition gewickelt. Auf diese Weise entsteht eine Art Rohr. Das Rohr sollte oben kleiner sein als die Seite, die auf dem Boden steht. Die Haube wird über die Flasche mit dem Kabel gestülpt, wobei genug Platz zu allen Seiten der Flasche sein sollte. Der Versuchsaufbau ist fertig und sollte so lange stehen bleiben, wie Wolkenbildung vom Meer bis zur Ortschaft braucht – in der Regel sieben bis zehn Tage.

Abb. 8

Alufolie wird um eine Flasche gewickelt. Es wird eine Röhre aus Alufolie hergestellt.

Was ich beobachtet habe

Ich konnte direkt durch ein Dachfenster schauen, als ich die Flasche aufgestellt hatte. Während des Experimentes beobachtete ich unter anderem, dass sich in den Wolken über meinem Fenster oberhalb des Versuchsaufbaues ein Loch in den Wolken bildete, durch das man den blauen Himmel sehen konnte.

Weiterhin konnte man abends das Fenster als Spiegel benutzen und auf der Flasche kleine leuchtende Punkte erkennen, die ich *virtuelles Photon* nenne. Dabei sollte im Raum durchaus etwas Licht brennen. Diese leuchtenden Punkte sind nur im Fensterspiegel zu erkennen.

Kommt das Wetter mit Wolken am Ort an, dann bildet sich am Himmel eine Linse von mehreren Kilometern Durchmesser, um die ein Teilchen saust.

Sollten Sie den Versuchsaufbau aufbauen und am nächsten Tag Nebel herrschen, dann können Sie sieben Tage später mit Regen rechnen, der einige Tage anhalten wird.

Regenherstellungsmethode II

Diese Methode sollten Sie nur anwenden, wenn Sie mit der ersten keinen Regen herstellen konnten. Sie ist ganz einfach.

Sie nehmen runde Bonbondosen (siehe Abb. 9) aus Blech. Sie leeren und säubern diese Dosen. Dann stellen sie vier Dosen übereinander und stellen diese in einen Schrank. Neben die vier Dosen stellen sie drei übereinandergestapelte Dosen. Jetzt sollte es regnen, bis Sie den Versuchsaufbau wieder abbauen.

Abb. 9

Verschiedenes

In diesem Kapitel möchte ich Beobachtungen schildern, die ich gemacht habe, aber nicht einordnen kann. Meistens fehlt mir hier der tiefere Einblick. Deswegen möchte ich meine Wahrnehmungen aber noch lange nicht verschweigen. Sie sollten auf jeden Fall erwähnt werden, damit man weiß: Dies ist auf unserer Erde geschehen.

Ein helles Licht

Ich hatte mir Nudelsalat zubereitet. Die Schüssel stand auf dem ausgeschalteten Herd. In der Schüssel war eine Suppenkelle, und alles war mit einer Alufolie abgedeckt. Dann passierte etwas, womit ich nicht gerechnet hatte. Es war dunkel, und ich lag in meinem Bett. Plötzlich erschien an meinem Fußende ein Kreis, der stärker leuchtete als die Sonne. Er hatte ungefähr einen Durchmesser von 1,2 Metern. Aus diesem Kreis gingen Schläuche heraus, die scheinbar meine Füße berührten. Jedenfalls sah es so aus. Der Kreis leuchtete vielleicht zehn Sekunden, danach verschwand er wieder. Ich dachte zuerst, dass dies vielleicht mit meinem Nudelsalat zusammenhängen könnte. Später erinnerte ich mich jedoch, dieses Licht schon einmal gesehen zu haben. Und zwar direkt vor meinem kleinen Fenster. Damals leuchtete das Licht den ganzen Hinterhof aus. Dieses hier war genauso hell. Dabei löste es sich nicht wie gewöhnliches Licht auf, sondern so wie Farbe sich in Stücke auflöst. Außerdem schien es so zu sein, als ob das Licht von der Lichtquelle wieder zurückgezogen würde.

Bis ins Jahr 2007 sah ich auch öfter eine kleinere Version dieses Lichtes. Es hatte einen Durchmesser von vielleicht 30 Zentimetern. Auch dieses Licht hatte Schläuche und berührte meinen Körper, ohne dass ich es spürte. Vielmehr war es so, dass ich dieses kleine Licht sah und das Geschehen betrachtete.

Ein helles Licht II

Anfang des Jahres 2009 kam es in Skandinavien und Norddeutschland zu einem Wetterleuchten, das auch von der Presse registriert wurde. Ein Meteorit ging nieder und brachte für ein paar Sekunden den Himmel zu einem blauen Leuchten. Ich lag leider im Bett und konnte das Leuchten nur aus meinen Augenwinkeln beobachten. Da dies von der Presse berichtet wurde, ist es eigentlich kein Thema mehr für dieses Buch. Ich hatte jedoch im Jahre 2004 auch ein Wetterleuchten beobachtet, das diesem nicht unähnlich war.

Damals hatte ich einen Versuchsaufbau aufgestellt, über den ich nicht reden möchte. Ich rief mit meiner Stimme in den Versuchsaufbau hinein, und es kam zumindest südlich von Bad Segeberg bis in schätzungsweise 20 km Entfernung zu einem roten Leuchten des Himmels. Die Erde sah für einige Sekunden aus, als wäre sie wie in einem U-Boot in Rotlicht getaucht. Das Leuchten war aber nicht das Einzige, was mir auffiel. Ich konnte auch schwarze Gebilde erkennen, die wie aus Ruß zusammengesetzt waren. Sie waren haushoch und von einem Meter Durchmesser, wie überdimensionale Getreidehalme. Ich dachte zuerst bei mir, dies müsste eigentlich überall auf der Erde so aussehen und dass diese überdimensionalen Getreidehalme wahrscheinlich eine nicht unerhebliche Rolle spielen, wie zum Beispiel bei der Gravitation (also der Erdanziehungskraft). Dies ist natürlich nur eine Annahme.

Eine Kugel am Himmel

Dies war wahrscheinlich das schlimmste Ereignis, an das ich mich erinnern kann. Es trat abends auf. Ich beobachtete die Sterne eigentlich sehr häufig. Obwohl ich keinen Augenfehler hatte, sah ich die Sterne öfter nicht als runde Gebilde, sondern gerade, wie Farblaser. Die Sterne waren nicht rund, sondern sie sahen wie Striche aus. Natürlich sind Sterne rund, doch es hatte den Anschein, dass jeder Stern dieser Galaxis in den vielen Himmelsschichten, die die Erde hat, nochmals extra aufgebaut wird. Dieser Aufbau des Bildes eines Sternes war nichts anderes als ein Laserstrich. Ich hatte manchmal sogar den Eindruck, dass von diesem Bildaufbau nochmals ein Laser ausgeht, der sich mit anderen Lasern vereinigte.

Doch nun zu dem eigentlichen Ereignis. Ich sah am Himmel eine Kugel, die den Himmel derart krümmte, dass die Sterne sich sogar zu bewegen schienen. Schaute man diese Kugel mit dem Fernglas an, dann ging von dieser Kugel ein Laser aus, der sich ein Gebäude aussuchte, das dann klapperte. Ich weiß bis heute nicht, woher diese Kugel kam und welche Bedeutung sie hat. Aber im Himmel muss einiges sein, das man bis heute noch nicht versteht.

Ein kleines Licht

Als ich einmal abends mit dem Fahrrad durch die Gegend fuhr, kam ich auch beim Klärwerk in Bad Segeberg vorbei. Dort sah ich mitten auf einer Koppel, links vom Klärwerk, ein Licht mit einem Durchmesser von vielleicht drei Metern. Dieses Licht war dünn wie der Regenbogen. Dennoch strahlte es so hell, dass ich es ohne Weiteres als ein Ereignis erkannte. Ich schaute mir dieses Licht eine ganze Weile an und wollte dann feststellen, ob ich es vielleicht auch von meiner Wohnung aus sehen konnte. Also fuhr ich mit meinem Fahrrad nach Hause. Und da wunderte ich mich wieder, und zwar über den Mond. Er war vielleicht hundertmal größer als sonst, sodass ich schon befürchtete, er müsse eigentlich mit der Erde kollidieren. Als ich in meiner Wohnung ankam, sah ich sofort nach dem Licht. Von meinem Fenster aus konnte ich es nicht erkennen. Auch sah ich jetzt den richtigen Mond, in seiner richtigen Größe, was mich sehr beruhigte. Ich sah also ein Licht, und ich weiß nicht, wie dieses Licht entstand. Dann sah ich den Mond wie durch eine Linse, größer, als er war, und viel früher als normal, nämlich vor dem eigentlichen Mondaufgang. Ich kann mir bis heute diese Erscheinung nur so erklären, dass der Himmel eine derartige Krümmung hervorgerufen haben musste, dass der Mond hundertmal größer erschien. Wie solche Krümmungen hervorgerufen werden, weiß ich nicht. Das Licht war jedoch kein um einige Hundert Mal vergrößerter Stern. Ich bleibe weiterhin bei meiner Behauptung, dass dies anders hervorgerufen wird.

Ein kleines Licht II

Ich schaue nachts öfter aus meinem Fenster. Dabei sind mir immer wieder Lichterscheinungen aufgefallen, die ich mir nur so erklären konnte, dass dies Sternbilder waren. Sie erschienen mir wie auf die Erde projizierte Sternbilder mit Durchmessern von einigen Metern. Ich kenne mich zwar nicht besonders mit Sternbildern aus, aber es waren welche. Sie waren nicht räumlich, sondern flache Scheiben aus leuchtenden Teilchen. Das Besondere daran war jedoch, dass dies nur von meiner Wohnung aus zu beobachten war.

Als ich mit meinem Fahrrad in die Richtung dieser Gebilde fuhr, waren sie nicht mehr zu finden. Zurück in meiner Wohnung waren sie aber immer noch zu erkennen. Ich konnte diese Erscheinungen nur an wenigen Tage beobachten. Dennoch finde ich es beachtlich, dass der Himmel zu solchen Leistungen der Brechung imstande ist, sodass derartige Vergrößerungen zustande kommen.

Die bedeutendste Entdeckung war jedoch eine Pyramide aus weißen, leuchtenden Teilchen. Gibt es vielleicht im Weltraum solche Gebilde und niemand hat sie bis jetzt gefunden, da man vielleicht nur den Pyramidenboden von der Erde aus sieht, und besteht dieses Gebilde vielleicht nur aus Teilchen?

Einfluss auf die Medizin?

Ich putzte gerade meine Toilette mit einer Drahtbürste. Es war hartnäckiger Schmutz, bei dem ich schon so manches Scheuermittel eingesetzt hatte. Ich war über die Kloschüssel gebeugt. In der linken Hand hatte ich eine Drahtbürste, die rechte ruhte auf der Kloschüssel. Plötzlich sah ich Farbflecke um meinen Körper herum. Es waren rote und grüne Farbflecke, die so dünn waren wie der Regenbogen. Sie hatten die Form von Rauten, die einen Ring um meinen Bauch bildeten. Die Farbflecken hatten zu meinem Körper einen Abstand von vielleicht 20 Zentimetern. Insgesamt waren es nur vier Farbflecke.

Als ich mich umdrehte und aus dem anderen Dachfenster schaute, sah ich noch ein rundes Licht, einen weißen Farbfleck. Dieser Farbfleck hatte von meinem Körper vielleicht eine Entfernung von fünf Metern und unterschied sich von den farbigen Rauten.

Ich frage mich nun, ob diese Farbflecke nicht vielleicht Organe symbolisierten, die Teile ihrer Aufgaben außerhalb des Körpers vornahmen. Mir war es vorbehalten, sie zu entdecken. Bei meinen Erfahrungen, die ich machen konnte, ist ja alles auf einen Regenbogen zurückzuführen.

Schaut man sich die Eingeweide eines Menschen genauer an, dann entdeckt man ja tatsächlich alle Regenbogenfarben innerhalb der Organe. Die farbigen Rauten sind dabei Farben, die nur von den Organen stammen konnten. Ich bin der festen Überzeugung, dass dies Beweis genug dafür ist, dass der Regenbogen an der menschlichen Gesundheit beteiligt ist. Nimmt man den menschlichen Körper als Beispiel, dann spielt aber auch die Klarheit der Durchsichtigkeit eine große Rolle. So ist doch auch beim menschlichen Körper einiges durchsichtig. Die Frage, die sich stellt, ist, welche Aufgabe die Durchsichtigkeit und Klarheit hat, nicht nur beim menschlichen Körper, sondern auch beim Regenbogen.

Kraftlinien

Bei meinen Beobachtungen kann ich immer nur darauf verweisen, dass ich diese tatsächlich vor meinen Augen hatte. Ich war mir dabei klar, dass es Gefahren gab, obwohl ich nicht wusste, wie diese Gefahren konkret aussahen. So ist es auch bei diesen Kraftlinien, die ich immer wieder einmal vor die Augen bekam. Sie bestanden aus goldenen und schwarzen kleinen Rauten, die hintereinander angeordnet waren und auf diese Weise Stränge von mehreren Metern Länge bildeten. Die Linien waren nicht einmal einen halben Zentimeter dick. Dennoch konnte ich die Struktur erkennen. Einmal sah ich, wie ein Strang quer durch meine Wohnung lief und dann im Badezimmer, am Handtuch, endete. Als ich dann aus dem Fenster schaute, erkannte ich einen weißen Blitz von monströser Breite, der in der Nähe des Nachbarhauses einschlug. Ich bin sicher, dass dieser Blitz auf diesen Strang zurückging.

Ein anderes Mal erkannte ich vor meinem Fenster einen Nebelstrang von mehreren Metern Breite. Als ich mir dieses kurze Ereignis näher anschaute, erkannte ich, dass sich der Nebelstrang auflöste und in einer Linie mündete. Er löste sich auf und wurde für eine kurze Zeit eine Linie, um dann wieder ein Nebelstrang zu werden. Schließlich verschwand er ganz.

Eine graue Kugel

Ich habe schon bei der *Wolke mit Linse* eine Entdeckung gemacht, die ich nicht richtig einordnen konnte. Ich sah eine kleine graue Kugel mit einem Durchmesser von vielleicht zehn Zentimetern über einen Acker hüpfen. Diese Kugel war neblig grau, eine Art Gebilde, obwohl sie anscheinend hauptsächlich aus Wasserdampf bestand und sich nicht richtig auflöste. Vielleicht war es aber auch nur ein unbekannter Teil des Regenbogens.

Ich sah diese Kugel nur zweimal. Das zweite Mal sah ich sie im Herbst 2005. Ich sah auf der Straße ein Paar aus zwei Personen. Zwischen und über den Köpfen dieser beiden Personen erkannte ich eine graue Kugel. Von den Köpfen gingen schwarze Strahlen aus, die auf die graue Kugel trafen. Ich bin mir bis heute noch nicht sicher, welche Bedeutung diese Kugel hatte. Ich weiß nur, dass in diesen schwarzen Strahlen Blitze entlangliefen. Die Kugel war nur wenige Sekunden sichtbar.

Ein schwarzes Bild

Als ich eines Tages aus meiner Wohnung ging und am Ausgang stand, sah ich an meinem rechten Arm zwischen Unterarm und Oberarm ein schwarzes Bild in Form eines Dreiecks. Das Bild war pechschwarz und vollkommen undurchdringlich. Es kam mir wie eine Art Segel vor, denn es blähte sich auch auf. Ich bin mir nicht sicher, woher dieses schwarze Bild kam, aber es hatte mich doch etwas verunsichert. Nach einigem Hin und Her verschwand es schließlich in einem Augenblick, als ich nicht hinschaute. Über die Ursache des Bildes bin ich mir nicht klar, aber ich bin mir sicher, dass es in die Zeit fällt, wo die *Auflösung-von-Materie-Linse* aktiv war. Es war wohl ein Anhängsel, dessen man sich nicht so schnell entledigen kann.

Das Bild eines Jungen

Ich erwachte eines Morgens, und ich dachte mir schon, dass irgendetwas nicht stimmte. Die *Auflösung-von-Materie-Linse* war auch noch aktiv. Was ich nun sah, als ich meine Augen öffnete, war das Bild eines Jungen inmitten einer milchigen Blase. Das Bild war auf jeden Fall dreidimensional. Die Blase ging durch meinen Arm, sodass ich den Jungen mit einem Arm umarmte. Das Besonderes an dem Bild war, dass ich mir nicht sicher bin, ob es wirklich nur ein Bild oder ob es vielleicht eine Materieherstellung war. Ich hatte ja schon erwähnt, dass vor meinen Augen sich aus dem Nichts Mücken herstellten, aus dem Fast-Nichts, vielmehr aus einer Linse. Vielleicht war diese Blase aber auch so eine Art Linse, eine Art Geist, die Materie herstellen kann. Woher dieser Geist kam, ist mir nicht ganz klar. Vielleicht war es eine Mischung aus den vielen Eimern, die ich in meinem Zimmer stehen hatte, und der *Auflösung-von-Materie-Linse*. Aus dem Nichts konnte diese Blase auf jeden Fall nicht gekommen sein.

Ein schwarzes Kreuz

Mitten an einem normalen Tag sah ich ein schwarzes Kreuz, das wie eine Schere über einem Stromkabel hüpfte. Dies war überhaupt der Grund, warum ich dieses Kreuz näher betrachtete. Denn da es wie eine Schere hüpfte, machte es auch Geräusche – in etwa vergleichbar mit dem Geräusch, den Strom macht, wenn er beim Umspannen zu- und abnimmt. Wie gesagt, dieses schwarze Kreuz hüpfte über einem Stromkabel. Weiter bleibt mir nur noch mitzuteilen, dass dieses Kreuz aus Photonen bestand oder was auch immer. Die Tatsache, dass Photonen ein solches Geräusch machen können, lässt mich an der Geräuschlosigkeit von Photonen zweifeln.

Ein Laser

Ich habe das *Teilchen* beschrieben, so wie ich es wahrgenommen und gesehen habe. In diesem Teilchen war ein graues Dreieck. Welche Aufgabe dieses Dreieck hat, ist mir vollkommen unklar. Was ich jedoch noch gesehen habe, soll nicht unerwähnt bleiben. Ich saß gerade an meinem Mittagstisch in der Küche und blickte so vor mich hin, als ich an meinem kaputten CD-Player an der gegenüberliegenden Seite meines Zimmers eine graue Substanz entdeckte. Diese graue Substanz hatte die Form einer Raute und ruhte am CD-Player. Ich schaute mir diese graue Substanz an und war mir nicht sicher, ob sie mir vielleicht gefährlich werden könnte. Diese Substanz hatte ich noch nie einzeln gesehen.

Da plötzlich brach aus der grauen Substanz ein Laser hervor, der mich genau zwischen die Augen an der Stirn traf. Der Laser traf darüber hinaus genau einen Pickel auf der Stirn. Er hatte die Farbe Orange und war vielleicht einen Viertelzentimeter dick. Dennoch spürte ich den Einschlag auf meiner Stirn, und es kribbelte auch ein wenig. Der Laser selbst war kein einfacher Lichtstrahl. Er war vielmehr wie ein Farbband in Orange. Die Tatsache, dass er spürbar war, ist eigentlich Grund genug für mich zu sagen, dass er zwar nicht zerstörerisch, aber doch spürbar war.

Fremder Geist?

Bei den Beobachtungen, die ich gemacht habe, stellt sich immer wieder die Frage nach einer fremden Intelligenz. Bei der Herstellung einer Mücke durch eine Linse, wie ich es beschrieben habe, benötigt man einen Geist. Um klar darzustellen, dass ich von einem fremden Geist ausgehe, möchte ich noch auf ein paar Beobachtungen aufmerksam machen, die ich gemacht habe. So habe ich beispielsweise zweimal Stimmen gehört. Als ich mich nach dem Ursprung der Stimme umschaute, erkannte ich in der Luft zwei Striche aus schwarzen Teilchen, von denen der Schall kam. Ich kann mich nur noch an einen Wortlaut erinnern: „Ich könnte manchmal", sagte die Stimme. Die Stimme war weiblich und sehr diszipliniert, so als ob die dazugehörige weibliche Person bei einer sehr filigranen Näharbeit säße.

Die andere Beobachtung, die ich gemacht habe, war ein Bildschirm, wie ich ihn öfter beschrieben habe. Auf diesem Bildschirm, der aus Teilchen und Farben bestand, waren lateinische Buchstaben zu lesen.

Diese Beobachtung machte ich auch mindestens zweimal. So sehr ich mich auch bemühte, ich konnte die Schrift nicht lesen. Die Schrift war in Buchstaben von fünf Zentimetern Größe geschrieben. Trotzdem konnte ich sie nicht lesen, und so bleibt mir auch der Sinn verborgen.

Ich habe nicht alle Beobachtungen zu Papier gebracht, die ich gemacht habe.

Träume

Ich weiß nicht, wie es sich bei Ihnen verhält, wenn Sie sich zum Schlafen hinlegen und die Augen schließen. Bei mir war es zumindest nach diesen Geschehnissen so, dass ich Bilder sah.

Leider habe ich nicht die Fantasie, um eigene Bilder herzustellen. Ich lasse alles auf mich zukommen. Bei mir verhält es sich so, dass ich Bilder wie durch Augen sehe. Ich weiß nicht, um wessen Augen es sich handelt. Ich weiß nur, dass dies wie durch einen Geist tatsächlich gesehen wird.

Manchmal sehe ich die Erde aus einer Entfernung von mindestens 300 Kilometern Höhe. Dies ist bereits der Weltraum.

Ein anderes Mal sehe ich Bilder, die ich überhaupt nicht zuordnen kann. So dachte ich beispielsweise einmal, ich sähe einen älteren Teddybären. Als ich jedoch einige Tage später fernsah, war ich mir sicher, dass es sich um die Gefängnistür von Natascha Kampusch handelte. Diese Frau hatte über mehrere Jahre in einem Atombunker gelebt. Ich verstand dieses Bild überhaupt nicht. Erst beim Fernsehen wurde mir klar, worum es sich handelte.

Ein anderes Mal sah ich eine Szene, die ich ebenfalls nicht verstand. Es war eine Art Mischung aus Sex und nackten Menschen, aus Hauptleuten und Soldaten, die an einem Tisch zechten. Am nächsten Tag erfuhr ich, dass einer meiner alten Klassenkameraden bei einem Arbeitsunfall auf seinem Bauernhof gestorben war. Es waren Polizei, Feuerwehr und Notarzt vor Ort. Ich bin mir sicher, dass dies Bilder waren, die die Augen eines Geistes gesehen haben. Diese Bilder haben einen eigenen Charakter.

Dies hat zwar alles noch keine Beweiskraft. Wenn ich jedoch ein geistiges Bild sehe, in einem solchen geistigen Charakter, in dem schwarze und weiße Schnipsel vorkommen, wie man sie vom Fernsehen her kennt, wenn kein Programm eingestellt ist (Antimaterie), dann bin ich mir sicher, dass dies nicht meiner Fantasie entstiegen ist.

Es scheint tatsächlich so zu sein, dass einige Menschen nur ihre Augen schließen müssen, um Kontakt mit einer anderen Existenz aufzunehmen.

Ich halte es für eine erfreuliche Nachricht, dass nicht alles unserem Gehirn entstammt, was wir in Träumen sehen, sondern einem anderen Geist. Darum habe ich dies auch in diesem Buch beschrieben.

Nachwort

Ich habe nun eine ganze Reihe von Beispielen aufgezählt. Obwohl ich vielleicht kein guter Schreiber bin, denke ich mir, dass der aufmerksame Leser sich ein Bild von dem machen kann, was ich gesehen habe. Mehr sollte dieses Buch gar nicht bezwecken. Außer der Regenherstellungsmethode, von der ich nicht weiß, ob sie funktioniert, hat das Buch nun seine Aufgabe erfüllt, nämlich, eine Frage aufzuwerfen. Und zwar die Frage, ob das, was ich hier als Augenzeuge beschrieben habe, glaubwürdig ist. Ich bin mir dessen nicht sicher. Ich kann nur sagen, dass ich dies beobachtet habe und froh bin, nichts mehr davon zu sehen. Es würde mich freuen, wenn meine Wahrnehmung und dieser Bericht darüber ernst genommen werden und vielleicht eines Tages in dieser Richtung geforscht wird.

www.ingramcontent.com/pod-product-compliance
Lightning Source LLC
Chambersburg PA
CBHW050243230526
45470CB00005B/2095